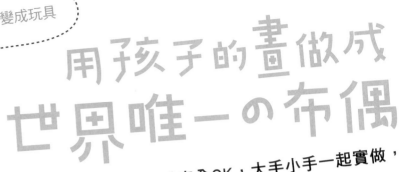

把想像力變成玩具

用孩子的畫做成
世界唯一の布偶

針線新手完全OK，大手小手一起實做，
收藏人生最難忘回憶

金泟善 김효선 ◆ 著

王品涵 ◆ 譯

내 아이 그림으로 인형 만들기 : 아이의 꿈과 상상을 현실로!

搬完家後，剛到新家玩耍的五歲外甥，像是生怕別人不知道他是個搗蛋鬼似的，立刻就在剛糊好壁紙的牆上留下了塗鴉大作，我隨即衝了過去，兇了他一頓。凝視著我的外甥，他神情非但沒有絲毫畏懼，居然還笑得可愛地說道：

「我怕阿姨自己一個人住會孤單，
所以畫了咕咕朋友！」

聽見這一句話，原本還想要裝出滿臉兇狠的我，表情馬上就像雪融般，化了開來。因為這句話實在太單純，更是完全在我預料之外的一句話。

我把孩子畫的圖畫製作成了玩偶。製作玩偶的過程，讓我必須細心觀察圖畫裡每一個細微的部分，當中不僅蘊藏著孩子快樂的想像力，還有他們看世界的想法和角度，每每令人驚訝不已。因此，即便我沒有辦法親自和描繪出這些圖畫的孩子見上一面，但是有誰能夠不愛這些孩子呢？

很多人說我「擁有與眾不同的手藝」，不過，即便手藝很差，甚至是從來沒有使用過縫紉機的人，同樣可以「用孩子畫的圖畫做玩偶」，因為就連我自己也是為了想用孩子畫的圖畫做玩偶，才初次接觸了縫紉機。最重要的並不是手藝或對縫紉的熟練度，而是一顆想要理解孩子圖畫的心。

在製作玩偶之前，我會先看著孩子的圖畫，試著想一想孩子是抱持著什麼樣的想法而畫出這幅畫的，理解了孩子的圖畫，便能看見蘊含其中的孩子想法和內心世界。一條看似畫錯、亂跑的線，卻有可能是媽媽「溫暖的手臂」，或是可以解決問題的「點子天線」，又或是唏哩嘩啦亂流的「鼻涕」……即便只是一個小小的點，都蘊藏著無數的意義。

之後，再考量孩子喜歡的顏色、質地等各種平常的喜好和取向，思索著應該把玩偶做成什麼模樣。依據不同的表現方式，便能讓玩偶呈現出各種截然不同的感覺；此時，若可以將各式各樣的布料和其他所需材料攤在地上，和孩子們一起挑選，將會是個很棒的作法。因為這並不只是為了製作漂亮玩偶的過程，而是替孩子創作朋友的過程。

開始用孩子畫的圖畫作玩偶時，最常聽到的話就是「因為我們家小孩不會畫畫……」其實，並不是他們「不會」畫畫，而是他們的圖畫很「小孩」，不是嗎？我倒是覺得很「小孩」的圖畫，都是畫得很好的圖畫。傾聽孩子的聲音，閱讀孩子的心，送給孩子一個世界上絕無僅有的獨特玩偶吧。

金浵善

contents

Let's make lovely dolls 🔘 Warming up
動手製作前須知！

首先，此章節詳細整理了動手製作玩偶之前需要知道的事項，會稍微用圖畫簡單說明要如何將孩子的圖畫變身成玩偶，同時也會向大家說明基本的裁縫技巧、布料的使用方式，以及各式各樣的工具和材料。相信只要讀過一次，便能倍增大家將孩子的圖畫製作成玩偶的信心。

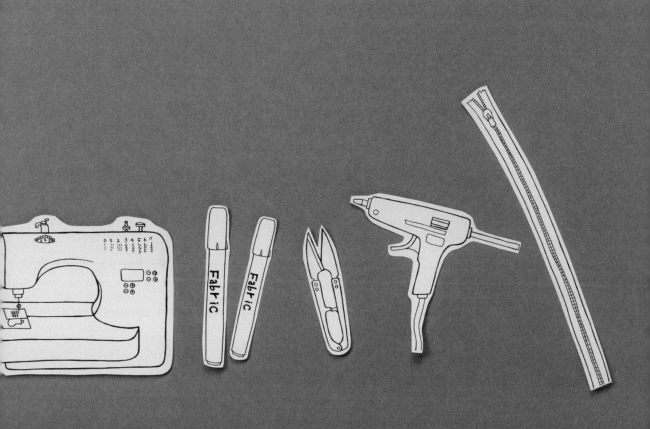

如何將孩子的圖畫製作成布偶？

1

備妥孩子可愛的圖畫後，將其
以A4大小的紙張影印出來。

2

將各部位一一從影印圖畫上剪下。

3

挑選適合圖畫的布料林縫線。

4

將裁剪完成的各部位置於布料
上，測量好位置，即可沿著邊線剪
下所需布料。

J壓布腳

5

將剪好的小塊布料置於底布之
上，利用縫紉機來回拼縫。

自由曲線壓布腳

6

利用自由曲線壓布腳，呈現曲
線車縫。

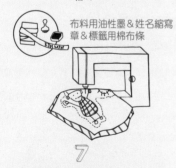

布料用油性墨＆姓名縮寫
章＆標籤用棉布條

7

測量好縫妥印有孩子姓名縮寫標
籤的底布，與玩偶背面布料的位
置後，即可縫合兩塊布料。

8

先在曲線部分剪幾刀後，利用
翻口把布料由內往外翻。

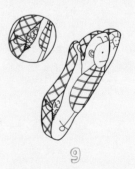

9

最後利用暗縫的方式縫好
翻口。

18

事先要知道的基本用語

針腳的長度 即上下縫線的長度。利用壓布腳抬桿調整針腳的長度，數字愈大，針腳長度愈長；數字愈小，針腳長度愈短。

針腳的幅度 即左右縫線的寬度。控制針腳幅度的調節器，數字愈大，針腳幅度愈寬；數字愈小，針腳幅度愈窄。

縫線 即各種縫紉花樣。家用的縫紉機基本上都備有Z字形、X字形等各式縫線功能。

拼縫 即將各色各樣的碎布相互湊在一起。

曲線車縫（自由曲線車縫） 利用自由曲線壓布腳在布料上製作想要的圖樣，自由進行縫紉。

翻口 指將兩塊布料重疊縫合後，為了能把布料由內向外翻而留下的缺口。通常都會以暗縫的方式處理翻口部分。

裁縫線 指用來進行裁縫作業的線。依據畫裁縫線的方式不同，玩偶的模樣也會跟著有所不同，因此請先考量過玩偶的大概模樣後，再畫上適當的裁縫線。

縫份 指為了不讓織品裂開，須於畫好的裁縫線以外再預留的空間。在裁縫線以外多留1～1.5cm的縫份，塞棉花的時候織品才不會裂開。

樣布 即以碎布呈現的布料樣本。試著利用碎布組成相應的圖畫風格，便能事先感受一下玩偶成品的模樣。

暗縫 指為了不讓縫線露出於織品之外，將線縫於織品內側的縫紉方法；於處理翻口時使用。

剪口 將布料翻面時，為了完美呈現曲線部分，利用剪刀稍微輕剪的方法。

必要的工具和材料

① **孩子的圖畫**
即便歪七扭八、意義不明，統統沒有關係！因為只要是孩子畫的畫，無論是什麼模樣，都很可愛。

② **布料**
準備好與圖畫類似顏色的布料。本書主要使用棉、亞麻布料。

③ **家用縫紉機**
不同於只能進行直線縫紉的工業用縫紉機，擁有Z字形等各種縫紉功能的家用縫紉機，除了能夠拼縫布料，還能讓孩子圖畫裡的每一筆線條都變得栩栩如生。

④ **J 壓布腳**
為家用縫紉機必備的壓布腳，又稱「萬能壓布腳」，用於直線車縫與Z字形車縫。

⑤ **曲線壓布腳**
無論是文字或是圖畫，都能自由進行縫紉，又稱「Free Motion」。不過，由於不是縫紉機的基本配備，有時需要另行購入。比起鐵製壓布腳，較推薦購買透明塑膠製的壓布腳，原因在於鐵製壓布腳不只比較滑，且可以操作的布料面積也比較小，會較難製作出自己理想中的織品模樣。

⑥ **裁縫剪刀**
裁剪布料時所使用的剪刀。如果使用了不是以剪布為主的剪刀，便無法俐落地裁剪布料。

⑦ **剪紙剪刀**
裁剪孩子圖畫的影本（直接稱之為「圖案」大家也可以理解吧！）時使用。

⑧ **口紅膠**
用於固定布料或紙張，特別適合用來固定連大頭針也無用武之地的細碎布料。

⑨ **紗剪**
適合剪口或整理玩偶多餘線頭時使用。

⑩ **針插**
用來插大頭針或針的地方。

⑪ **手縫針**
以暗縫方式縫合翻口時使用，號碼愈大，針愈細。

⑫ **大頭針**
與口紅膠的功能相同，用以固定布料或紙張。如果只想在布料上留下最細微的小洞，那就一定要使用大頭針。

⑬ **織品用水性筆**
在布料上畫圖或標記（如：裁縫線）時使用。只要灑點水或利用濕紙巾擦拭幾次便能消除痕跡。不過，依據布料種類的不同，也有可能會在布料上留下痕跡，因此實際使用前，最好先在一旁進行測試。

⑭ **噴水瓶**
用以消除布料上的水性筆痕跡。

⑮ **裁縫畫餅**
在布料上畫線時使用，尤其適合用來畫在深色的布料上。

⑯ **拆線器**
拆除縫錯的針腳時使用。

⑰ **鉗子**
用來將棉花塞入玩偶內時使用；處理手、腳等細長的部位時，尤其好用。藉由翻口將布料由內往外翻時，也會需要用到它。

⑱ **線**
想要以刺繡的方式呈現圖畫時，便會需要用到各種顏色的線。只要使用一般的縫線即可。

⑲ **填充用棉花**
使用填充用棉花，才能讓玩偶有膨膨的感覺。製作玩偶時，主要會選用不具彈性的布料，因此如果使用珍珠棉或其他質地較薄細的棉花，會讓玩偶模樣變得鬆垮垮的。

⑳ **梭子**
用來纏繞縫紉機底線的工具。

製作更加立體的布偶所需的多樣化材料

① 緞帶
雖然可以用車縫縫線的方式表現圖畫中的線條,不過若是可以善用不同粗細與材質的緞帶,也會是很好的呈現方式。

② 鈴鐺
掛在小狗或小貓等動物玩偶身上,倍增玩偶的可愛感。

③ 鈕釦
可以縫在玩偶的衣服上或用以作為玩偶的眼、鼻。

④ 蕾絲
用在玩偶的裙子或禮服上,營造華麗的氛圍。

⑤ 半圓形鈕釦
半圓形的鈕釦相當適合用來增加玩偶眼睛的立體感。

⑥ 毛線
適用於玩偶的頭髮等部位;記得選用針孔較大的縫針。

⑦ 皮繩
想要呈現圖畫中較粗的線條時使用。

⑧ 棉質圓繩
適用於小手提包或錢包的把手。

⑨ 不織布
裁剪容易,且經裁剪的部分纖維不會鬆散,十分適合用來裝飾樣式較複雜的位置。

⑩ 紗
製作手提包或錢包時,添加一點紗布便可以呈現出鼓鼓的感覺,防止布料變得鬆垮垮的。

⑪ 壓縮棉
想要呈現某些部位的厚度時,剪一些壓縮棉,將其塞進布料內後,再進行縫合即可。2盎司和4盎司最為合適;數字愈大,即棉的重量愈重。以壓縮棉為例,可以區分為接著棉和非接著棉,接著棉會在洗滌時從布料上脫落,並且變形,因此選用非接著棉會比較好。

⑫ 鋁線
放進玩偶的手臂或腳部,便能自由改變成想要的形狀,而且只要用一般的剪刀就能輕鬆裁剪。不過,作業過程中還是有受傷的可能性,務必將裁切過的部分繞成彎曲的圓弧形。

⑬ 隱形拉鍊
完成作品後,可以利用看不見鍊條的隱形拉鍊製成抱枕或小包包。

⑭ 拉鍊
完成作品後,可以利用看得見鍊條的拉鍊製成居家擺設飾品。

⑮ 斜裁包邊布條
製作布提籃或涼被時,用來包覆邊緣部分,便能使作品變得更加俐落。

⑯ 扁平胸針
塗完黏著劑或熱熔膠後,只要將裝飾品輕壓在黏著劑上5～10秒,胸針便大功告成了。

⑰ 熱熔膠
固定胸針等飾品時使用。若是只有購買熱熔膠條的話,可以直接用打火機熔解後使用亦可。

⑱ 布料專用筆
於布料上繪畫時使用。完成圖畫後,即便經過低溫熨燙或是一整天的風乾,也不會消失。適合用來將孩子的姓名縮寫寫在標籤布條上後,縫在玩偶身上。

⑲ 棉質標籤布條
可以隨心所欲裁剪長度的標籤布條,有著各式各樣的顏色和寬度。以碼為單位販售,本書使用寬10mm～15mm的標籤布條。

⑳ 姓名縮寫印章
刻有姓名英文縮寫的印章。將孩子的姓名縮寫蓋在標籤布條上,掛在玩偶身上。

㉑ 布料油印墨
於布料上蓋印章時使用。即便經過低溫熨燙15秒或是一天以上的風乾,也不會消失。

㉒ 金蔥線
散發金屬光澤的金、銀絲線,適用於營造耀眼的裝飾效果。容易裁剪,也容易散開,縫紉時請輕輕拉扯即可。

一般棉布

亞麻布

絨毛布

毛呢布

粗棉布

牛津棉布

棉帆布

該使用怎麼樣的布料？

本書將布料區分為兩大種類：扮演素描本角色的「底布」和扮演繪圖角色的「拼布（碎布）」。首先，在了解完布料相關常識後，接著看看何謂好用的底布與拼布吧。

布料常識

布料相關用語

20支、40支
「支」，指的是用來標記組成布料的原紗（線）粗細單位。數字愈大，原紗愈細，構造也愈纖細；相反，數字愈小，構造愈粗糙、愈厚重。

平織，斜織（斜紋）
即布料編織方式的用語。斜織比平織較緊密，光澤度與柔軟度更是略勝一籌，因此斜織布多用來製作寢具等等。不過製作玩偶時，選擇沒有光澤的平織布，看起來比較不會有很「人工」的感覺。

布料單位與方向

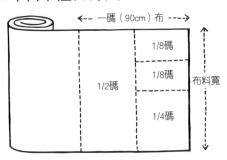

布料種類

簡單來說，只要大致把布料想成可以拉長的布和不可以拉長的布即可。製作玩偶時，請選用不太有彈性的布料，原因在於彈性太好的布料會讓Z字縫和自由曲線車縫作業變得困難。

一般棉布
支紗數在30支、40支左右的輕薄棉布，擁有非常多樣化的顏色和圖案，相當適合用來拼縫。

牛津棉布
比一般棉布稍微厚實一點，適合用來作為底布。

棉帆布
構造厚重而粗糙，主要用來製作抱枕或手提袋。製作較多曲線車縫的玩偶時，可以選用棉帆布當作底布。

亞麻布
以亞麻為原料製成的天然布料，質地堅固，經常洗滌也不會出現太嚴重的變形。比起一般棉布，觸感扎扎、刺刺的，不過也較為清涼透氣。

粗棉布
散發著淺淺的黃色，如同棉花籽一點一點地散落於布料之上般，滿溢著天然的氣息。

毛呢布

由於是針織布料，所以彈性很好。當玩偶風格不是追求抱枕般的脹鼓鼓觸感，而是鬆鬆軟軟的觸感時，則適合選用此款布料。

絨毛布

適用於製作小貓、小狗、小熊等動物玩偶。絨毛的顏色、樣式、長度都有十分多樣化的選擇，可以盡情挑選符合圖畫風格的絨毛布料。不過，如果要製作模樣較為複雜的玩偶時，建議盡量少用絨毛布，因為無論是拼布或縫線都會被埋進絨毛當中，而無法如實呈現想要的模樣。隨著布料的不同，可能會出現掉毛的情況，購買前務必仔細確認。

適合當作底布的布料

▓ 布料的種類和厚度

製作玩偶的時候，基本上就是以幾塊布為基底，然後於底布上再進行拼布或縫紉作業。由於挑選質地輕薄的布料作為底布，會有破掉的可能性，因此建議選擇稍微有一點厚度的布料為佳。不過，如果玩偶尺寸不大，直接選用一般的棉布也無妨。想要製作厚實抱枕觸感的玩偶時，可以選擇10支的棉帆布或20支的牛津棉布；想要製作摸起來鬆鬆軟軟的玩偶時，可以選擇針織布或毛呢。

▓ 布料的顏色和圖案

因為孩子們通常都會在白紙上畫畫，所以書中的底布大多也是以白色的布料為主。假如圖畫較為簡單，想要為其增添一些重點，或是想要製作出特別一點的玩偶時，可以改選擇有顏色的布料作為底布。但話雖如此，如果挑選了樣式太華麗的布料，或是色彩太鮮明的布料，玩偶的風格很容易就會變得雜亂無章，所以請盡可能選用純色或花樣不明顯的布料吧。

適合當作拼布的布料

▓ 布料的種類和厚度

複雜的圖畫，請利用輕薄的布料拼縫；簡單的圖畫，請利用有厚度的布料拼縫。此外，想要強調某些特定部位時，可以多多善用一些較厚實的冬季用布料、絨毛布料或人造皮革等。最適合用來拼布的布料，是擁有多樣化顏色和花樣的一般棉布和亞麻布。本書使用的布料厚度大多為30支、40支。

▓ 布料的顏色和圖案

以純色的布料製作玩偶當然是很好的選擇，不過若是懂得善用一些花樣的布料進行拼縫的話，可是會讓玩偶風格更顯獨特喔。單色的條紋、格子、點點布料，是最安全的。拼縫時，務必減少選用混合了好幾種顏色的複雜花布，還有以黑線為花樣外框線的布料。

——— 只要熟悉基本的縫紉工夫就萬事ＯＫ！ ———

本書將布料區分為兩大種類：扮演素描本角色的「底布」和扮演繪圖角色的「拼布（碎布）」。首先，在了解完布料相關常識後，接著看看何謂好用的底布與拼布吧。

基礎縫紉技巧

直線車縫
利用家用縫紉機必備的J壓布腳，車出直線。

轉換方向車縫
以直線車縫的方式車縫至布料邊緣後停止，接著於縫針還插在布料裡的狀態，抬起壓布腳，將布料轉換至接下來想要車縫的方向，再重新進行車縫。

曲線車縫
一邊車縫一邊緩緩轉換布料，如果覺得有些困難，可以選擇於縫針還插在布裡的狀態，抬起一點點壓布腳，然後稍微將布料轉往欲車縫的曲線方向後，放下壓布腳，重新開始車縫，只要反覆重複上述步驟即可。

回針車縫
防止縫線裂開的車縫技巧，在縫紉作業的開始與結束務必都要進行回針車縫，尤其是在翻面或填充棉花時，容易出現縫線鬆裂的翻口部分，請一定要重複在此處進行兩三次的回針車縫。

Z字縫與自由曲線車縫

Z字縫
如字面上所言，這是呈Z字形的縫線模樣。家用縫紉機基本上都會備有各種縫線樣式，而Z字縫也是其中之一；Z字縫除了能用來作為裝

針腳寬 / 針腳長

飾，同時還可以防止針腳散開。隨著針腳愈長，Z字的上下間距也愈寬；針腳愈短，間距也愈窄。而針腳愈寬，Z字的左右幅度也愈寬；針腳愈窄，左右幅度也愈窄。利用Z字縫將碎布拼縫於底布上，即稱為「Z字拼布縫」。

記住！碎布的尺寸愈大，針腳的長度和寬度也要跟著變大。一般而言，讓針腳的寬度和長度以比例2.5～3：1.0～1.2呈現，成品的效果最美。

自由曲線車縫

能夠車縫出彎曲線條的裁縫技巧。隨著每個人的手藝不同，可以車縫出各式各樣不同風味的花紋。一開始的時候，要讓縫線隨心所欲地出現在自己想要的位置可能會比較難，所以請先盡可能放慢縫紉機的速度，然後用點力抓緊布料，緩緩移動，練習幾次之後，很快就可以上手。如果使用深色的線，就算只是車縫一兩下，也會很顯眼，所以一開始可以先選擇不那麼顯眼的淺色線作為練習使用。

想要呈現粗線條時，只要在同樣的位置來來回回地車縫即可。不過，此時若是在已經縫好的縫線上再車縫一次的話，作業上會有些困難，所以請先放慢縫紉機的速度，稍微移動布料後，再重新進行車縫。
即便是有點亂七八糟的縫線，也能讓人感受手作玩偶的獨有風味，所以毋須太擔心。

Let's make lovely dolls ♔ Basic

用孩子畫的圖畫做布偶：基礎篇

挑選好與孩子圖畫風格相符的布料，利用縫線原汁原味地呈現孩子獨有的歪七扭八線條。只要練熟基本功，無論孩子畫出什麼樣的圖畫，都能製作成討人喜歡的玩偶。讓世界上獨一無二的玩偶，帶給孩子獨一無二的幸福！請睜大眼睛，跟上我們的腳步吧。

Basic 1

基本型

你好，班傑明

即將移民到遙遠國度美國的班傑明，畫下了神似自己的圓滾滾眼睛和燦爛笑容，並將這幅自畫像當作禮物送給了幼稚園老師，而老師也想要回送一份特別的禮物給班傑明。因此，結合了孩子和老師的美好心意，「班傑明玩偶」誕生了。雖然身體相隔很遠，兩人的心卻緊緊相連。

需要的布料

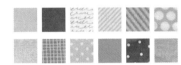

01

將孩子的圖畫放大或縮小，影印成想要製成的玩偶大小。

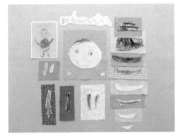

02

將影印後的圖畫按照不同部位剪下後，準備好適合各部位的布料。

03

將裁剪後的紙張放置於布料上，利用水性筆描繪出框線。

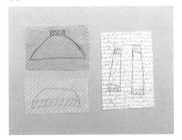

04

衡量一下布料重疊的部分，預留1cm左右的空間，如此一來，裁縫時銜接口才不會裂開。

05

將各裁剪好的布料，拼湊成孩子原本的圖畫。

06

利用口紅膠或別針，將裁剪完成的布料固定於底布上，再以水性筆標記出想要進行縫線的部分。

07

此時,考量一下布料接縫處的順序和方向後,將其固定。

08

以Z字縫的方式將各布料縫於底布。

09

稍微以回針縫向內縫合,以防縫線部分鬆開或裂開。

10

想要呈現縫線效果的部分(即剛才用水性筆描繪的部分),可以利用曲線壓布腳進行車縫。

11

如果想要營造出頭髮般隨興自在的感覺,記得放緩踩踏板的速度,緩緩轉動布料,來回進行縫紉動作即可。

12

車縫出文字或是圖畫外扭來扭去的線條,可以增添玩偶的生動感。

13

完成縫紉作業後,翻向底布的背面,在縫線之外描繪出預留的1cm空間。像是雙腳這種向內凹陷的部分,記得描繪出更為寬裕的預留空間。

14

在身體的左邊畫下標籤的位置,右邊畫下長10cm左右的翻口。

15

在底布的正面稍微畫一下先前標記好的標籤位置後,於縫線外預留2mm左右的空間,回縫標籤。

16

挑選好玩偶背面的布料後，將底布和玩偶正面重疊擺放，再以別針固定。

17

除了翻口以外，其他的部分皆以縫線進行縫合。

18

在縫線外預留1.5～2cm左右的縫份，然後將其剪下。

19

由內往外翻時，為了防止布料裂開，利用剪刀於接縫的彎曲處剪出一些剪口；像是手臂和臉部凹陷的部分，可以剪得稍微多一些。

20

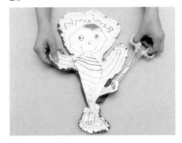

將鉗子放入翻口處，把布料由內往外翻面。

21

將棉花從翻口處塞入，填充玩偶。

22

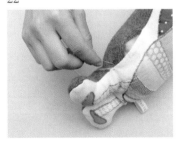

以暗縫的方式縫合翻口。

23

班傑明玩偶完成。

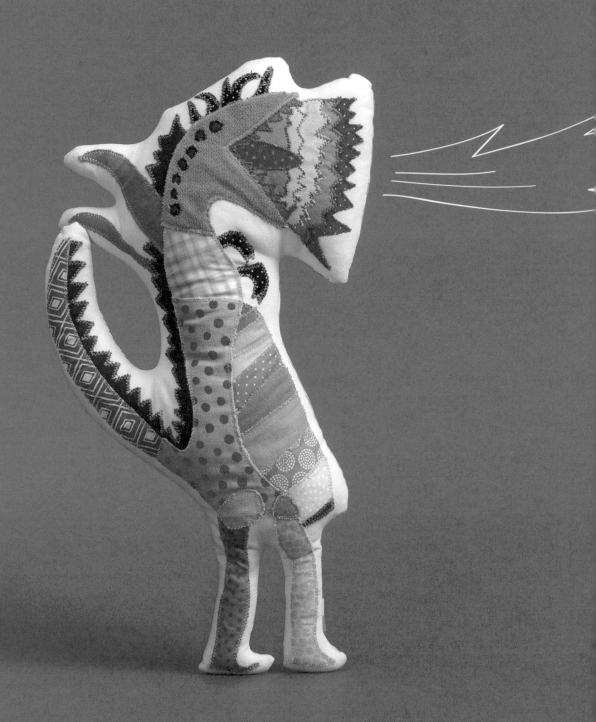

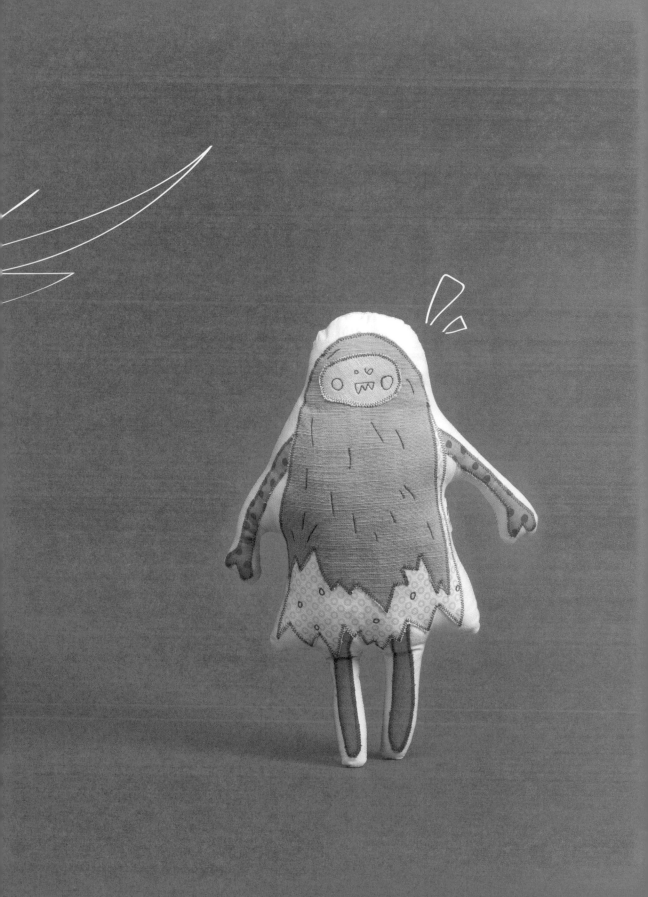

守護天使：小龍龍

Doll's Story

「七歲的長雲因為害怕夜晚，畫下了屬於自己的守護天使：小龍龍。每當黑漆漆的夜晚來臨，小龍龍就會用牠的七顆眼睛守護著衣櫃、窗戶、天花板、牆壁等四面八方；一旦有鬼或妖怪出現，小龍龍就會用七隻角保護長雲。就算小龍龍外表長得很嚇人，實際上卻是能讓長雲從此不再做惡夢的守護天使。」

需要的布料

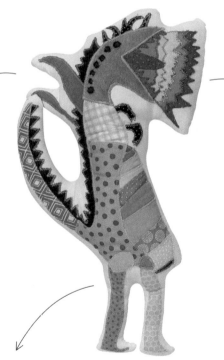

在長雲的小龍龍圖畫中，尾巴和腳的部分相互重疊了，但在製作玩偶時，則是需要讓兩個部分分開呈現，這麼做可以讓玩偶更有立體感。將照著原圖依樣畫葫蘆裁剪下來的碎布拼縫於底布時，為了避免讓尾巴和腳的布料重疊，必須先將兩塊布料調整至適宜的角度，再做固定即可。

把小龍龍如同火花炸裂般的布料疊合拼縫時，一定要謹慎考慮好縫份的空間才行。一如「班傑明」的步驟4，必須在布料重疊的部分預留1cm左右的空間。此外，將碎布固定於底布時，也要一邊考量好縫份的順序和方向才行，像是最邊邊的紅色布料要固定在橘色布料之下等。

遇到像是小龍龍這種用了非常多顏色的圖畫時，調節好布料色彩的強弱比例就是一件很重要的事，如果一心想著「要製作出形象猛烈的龍玩偶，勢必全部都要選用深色的布料」，那麼做出來的玩偶就不漂亮了。只要強調幾個重點部位就好，其他部分建議輕輕帶過即可。

森林妖精：阿噗

Doll's Story

「每次玩捉迷藏的時候，總是會大喊著『躲好了，來抓我啊！』的女兒所畫下的森林妖精：阿噗。她說阿噗是捉迷藏的隊長，他的全身都被樹葉所包覆，所以從來不曾被樵夫和獅子發現蹤影，因為他只要躲進樹葉裡，咻地一聲把臉藏起來就好了。將來有一天，一定要讓長大後的女兒看一看她現在的可愛模樣，所以想要替她製作阿噗玩偶。」

需要的布料

以水洗布呈現全身被樹葉包裹的妖精，活靈活現地表現出大自然的感覺。依據布料的材質和厚度有所不同，玩偶給人的感覺也會跟著變得截然不同。

瘦瘦長長的手臂和腳，必須與身體有較大面積的接觸，這樣在填充棉花時，這些部位才不會裂開。如同「班傑明」的步驟13，繪製裁縫線時，像是腳部和手臂這種往內凹陷的地方，記得要留下稍微寬裕的預備空間。

在孩子的圖畫當中，兩片葉子雖然塗上了相同的顏色，但是在製作玩偶時，下半部的葉子則選用了不同的表現方式。即使用了同屬草綠色系的布料，卻特別挑選了有點點花樣的布料，看起來更加討喜可愛。

外甥女的圖畫信「阿姨與小孩」

Doll's Story

「在我生下善宇不久後，便收到了來自姪女的圖畫信。其實早從姪女開始會畫畫後，我們就會彼此交換一些簡單的訊息和圖畫信了。在圖畫裡，我牽著剛出生不久的善宇走路，而伴隨著圖畫一起來的手寫文字則是『等到善宇快快長大，可以跑跑跳跳的時候，我一定會好好照顧他的』這樣可愛的童言童語，沒想到姪女不知不覺已經變成善宇可以依靠的姐姐了，真了不起。」

需要的布料

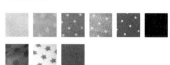

製作人形玩偶時，要考慮到皮膚和縫線顏色的搭配，讓臉部和手看起來也不會太奇怪。舉例來說，肉色的部分就請用肉色的線車縫肉色的布料，如果是用紅色的線車縫肉色的臉，玩偶的臉看起來就會變得有些駭人。

眼、鼻、嘴、頭髮等細長線條，請利用自由曲線壓布腳，來回車縫兩三次。

雖然孩子的圖畫裡沒有褲子的樣式，但是在製作玩偶時，挑選了有可愛星星圖案的布料，添加畫龍點睛的效果；T恤的部分選擇使用藍色點點圖樣的布料，同樣也讓玩偶的整體感覺變得更加活潑。

可愛的長頸鹿：波利

Doll's Story

「手臂、腳、脖子特別長的智媄，綽號是長頸鹿。在智媄看
到長頸鹿之前，一直以為是其他小朋友在取笑自己，所以很
討厭這個綽號，直到她在動物園親眼看到長頸鹿後，開始變
得很喜歡這個稱呼，不僅替長頸鹿取了『波利』這個可愛的
名字，甚至每天都要畫一畫波利才行，想必智媄也覺得厲害
的長頸鹿和自己很像吧。從長頸鹿快樂的表情看來，智媄一
定也很快樂。」

需要的布料

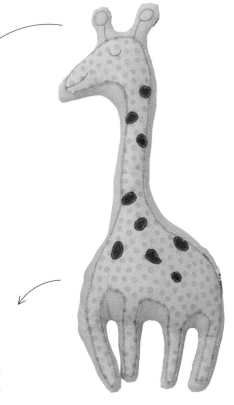

頭上的圓角並沒有另外使
用其他布料，而是直接採
用曲線車縫的方式呈現。
如同製作「班傑明」的步
驟6，將碎布固定於底布
時，可以先以布料用水性
筆描繪出想要使用曲線車
縫的部分。

以黃色點點圖案的布料
和褐色布料呈現長頸鹿，
雖然使用純黃色的布料
也無妨，不過如果可以選
用有一點花樣的布料，玩
偶風格會更顯俏皮可愛。

光是改變布料和縫線的顏
色，便足以製作出風格截
然不同的玩偶，因此在使
用孩子畫的圖畫做玩偶之
前，請先在腦海中想像一
下各種不同色調的玩偶。
當然，盡可能保有孩子圖
畫原有的感覺是最好的。

孝梓公主

Doll's Story

「六歲的孝梓愛上了公主。剛開始會畫畫時,大約是在四歲左右,那時的她,筆下只有媽媽、爸爸,還有自己,後來從五歲開始到現在,便只畫公主了。不僅如此,她還會替公主穿上衣服、戴上皇冠,然後帶著公主在鏡子前露出十分滿意的表情。本來還有點擔心萬一這孩子長大之後變得有公主病怎麼辦?不過,一想到孝梓對我而言的確是永遠的公主後,擔心便消失得無影無蹤了,只留下臉上滿滿的笑容。」

需要的布料

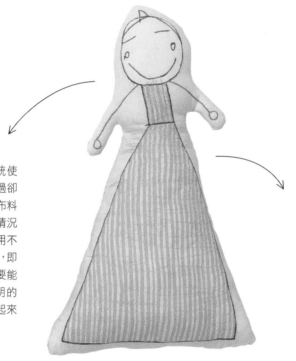

雖然底布和臉部統統使用了白色的布料,不過卻各自用了不同材質的布料以作區別。遇到這種情況時,沒有必要刻意使用不同顏色的底布和拼布,即便是相同的顏色,只要能夠挑選質感差異分明的布料,就能讓玩偶看起來立體感十足。

利用粉紅色和黃色的條紋布製成禮服,讓玩偶看起來不會那麼單調。此外,在條紋布上添加一些歪七扭八的同色縫線,原汁原味地呈現塗鴉的感覺。

如同「班傑明」的步驟8,以Z字縫的方式進行拼縫;不一樣的地方是,這裡先縫上與底布同樣顏色的線後,再在其上車縫顏色較顯眼的線,圍起拼布邊緣。此處使用曲線壓布腳,可以讓整體感覺更加俐落。

美麗的媽媽，帥氣的爸爸

Doll's Story

「亨宇向來都是很會表達內心情意的兒子，這個兒子除了會無緣無故冒出『我愛你』之外，有事沒事還會寫信給我。這樣的兒子，對我而言或許也是一份特別的禮物吧。所以我對亨宇說『我要把你畫的圖畫製作成玩偶，畫一張你最想要一直看、一直保存的圖畫吧。』看著亨宇比平時還要來得更慎重地畫著畫，內心很好奇他究竟畫了些什麼。天啊！他居然畫了很有自己風格的爸爸和媽媽。總是帶給我許多感動的亨宇，現在每天晚上都抱著爸爸、媽媽玩偶，開開心心地入睡呢。」

需要的布料

利用曲線壓布腳車縫「爸爸」、「媽媽」字樣，像在「班傑明」的步驟6時一樣，以布用水性筆寫下文字後，轉動布料，車縫文字。

以曲線壓布腳，一針一線地車縫，完整呈現捲捲的頭髮。

為了加強細節部分，特地選用了有花樣的布料作為爸爸的衣服。此時挑選和孩子圖畫同樣色系的花布會是比較好的作法，如果因為其他色系的花樣比較好看，而選擇了其他布料，製作出來的玩偶風格，可是會大幅度減少孩子原本藉由圖畫想要呈現的感覺喔。

Let's make lovely dolls 🧵 Handle embroidery

將簡單的孩子圖畫做布偶：曲線車縫

如果孩子的圖畫非常簡單，或是形態極度不明顯時，可以選用各種不同顏色的縫線進行曲線車縫，製作較為簡易的玩偶。交替使用曲線壓布腳和Z字縫，便能完整呈現孩子想要表達的感覺。來吧，開始挑戰曲線車縫。

Handle embroidery 1

曲線車縫

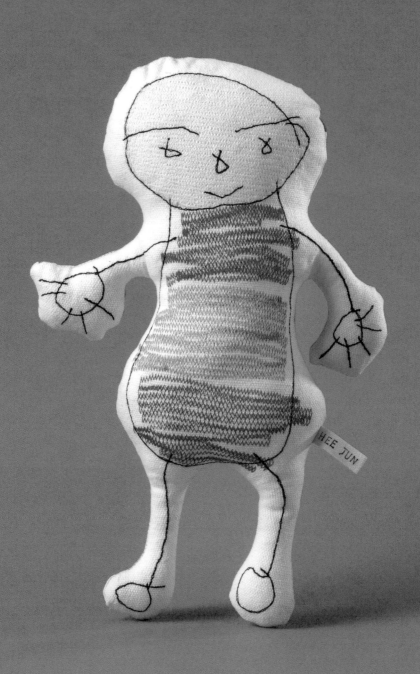

希俊弟弟

「希俊日盼夜盼，終於盼到了一個弟弟。一告訴希俊『弟弟正睡在媽媽隆起的肚子裡』時，都不知道他會這麼驚奇和開心，一天到晚都要摸上我的肚子好幾回，側耳傾聽肚子裡的動靜，我都快被煩死了。有一天，他拿了一張名為『希俊弟弟』的圖畫給我看，即使只是一張畫，他卻小心翼翼地撫摸、悉心呵護著。看著希俊已經開始有為人哥哥的風範，心裡除了覺得神奇之外，也覺得很可愛，所以決定在弟弟出世之前，先送他一個弟弟玩偶作為禮物。」

需要的線

01	02	03
		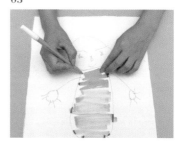
將孩子的圖畫放大或縮小影印成計劃製作的玩偶尺寸。	完成影印後，按照圖畫原本的形狀進行裁剪，放在底布上，以水性筆描繪邊框。	完成描繪玩偶的整體形狀後，將圖畫中塗滿顏色的部分另外剪下，進行第二次描繪。

04	05	06

準備好適合各部位顏色的線。	一邊變換色線，一邊以Z字縫的方式填滿布料。填補面積較大的部分時，使用Z字縫的話，作業會簡單許多，成品看起來也會比較俐落。	呈現框線、手、腳之類的細長線條時，可以利用曲線壓布腳進行曲線車縫。

07

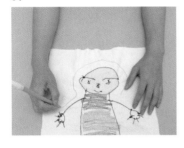

完成裁縫作業後,於底布背面的縫線外預留1cm的空間,並且描繪出裁縫線。

08

預留在身體左邊位置的姓名標籤,以及頭部,都要事先畫出10cm左右的翻口。

09

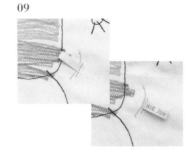

於底布的正面輕輕標示出之前畫好的裁縫線和標籤位置,並且在裁縫線外預留約2mm的空間,縫上姓名標籤。

10

選好玩偶背面的布料後,對準底布與背面布料的正面,以大頭針固定兩塊布料。

11

預留好翻口後,按照繪製的裁縫線進行車縫。

12

在裁縫線以外1.5~2cm位置預留縫份,然後沿著邊線剪下。

13

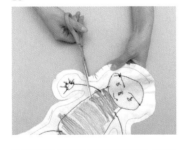

為了不讓縫線在翻面時裂開,記得在曲線部分剪口。像是手臂或臉部等向內凹陷的部位,務必要多剪一些剪口。

14

從翻口處放入鉗子,將縫合的布料由內向外翻。

15

從翻口塞入棉花,填充玩偶內部。

16

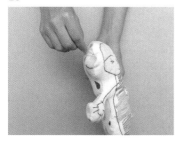

以暗縫的方式縫合翻口。

17

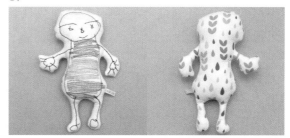

希俊弟弟玩偶完成。

機器人朋友傑克和麥克斯

Doll's Story

「這是喜歡機器人的兒子所畫的圖,大機器人傑克和
小機器人麥克斯。他說眼睛會發出雷射光的傑克一定
要戴墨鏡;而麥克斯則是畫給因為受哥哥影響,喜歡
機器人勝於公主的妹妹。看到兩兄妹相親相愛地玩著
這幅畫,索性直接把圖畫製作成玩偶,送他們一份驚喜
大禮。」

需要的線

像傑克這種暗藏許多細節
的圖畫,如同「希俊弟弟」
的步驟2、步驟3,先在底
布上描繪出佔據最大面積
的部位,然後再在當中畫
出小細節。盡量努力畫出
和孩子圖畫差不多的縫紉
草圖。

像麥克斯必須露出牙齒
線條的部分,則是先利用
黃色填滿該部位後,再以
黑線沿著邊框車縫即可。

像傑克的牙齒或腳趾頭,可以使用曲線壓布腳製作出手
繪塗滿顏色的效果。這時候記得放慢裁縫速度,慢慢車
縫,布料才不會裂開。

幸福的小勳家

Doll's Story

「這是小勳在幼稚園畫下的『全家福』。平常畫畫的時候，屬於不太使用色彩的類型，不過不知道是不是為了表現快樂的一家人，所以特地用了好多繽紛的顏色。小勳最喜歡的鐵桶機器人也沒有缺席；剛出生不久的弟弟，在畫中則是正在嚎啕大哭。為了想要永久保存小勳第一次畫下的全家福，因此決定把這幅畫製作成抱枕。」

需要的線

想要呈現像屋頂這種較粗的線條時，比起曲線壓布腳，建議使用Z字縫較佳。

車縫像是房子裡的家人們和鐵桶機器人這麼小的圖畫時，雖然使用曲線壓布腳最方便，但是此處為了統一整體感覺，則是使用了Z字縫。

縫紉時，只要稍稍改變Z字縫的寬度，便能車縫出各種不同粗細的線條。

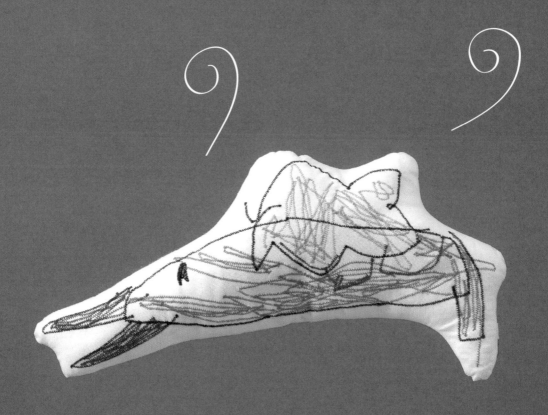

騎著兩輪腳踏車的哥哥

Doll's Story

「這幅畫出自六歲的孝琳。在好不容易學會騎四輪腳踏車的孝琳眼中,騎著二輪腳踏車馳騁狂奔的哥哥,真是酷斃了!於是提筆畫下了自己眼中如此帥氣的哥哥模樣。為了紀念孝琳可愛的內心世界,決定把這幅畫製成玩偶。」

需要的線

騎著二輪腳踏車的哥哥只用了曲線壓布腳車縫而成。先弄好人形後,再以腳踏車的輪廓包圍人形。

高高的帽子、頭髮、臉、手臂、腳,通通都可以用曲線壓布腳打造出塗鴉的效果。此時,請放慢縫紉機速度,慢慢車縫,布料才不會裂開。

想要呈現像是輪廓這種粗黑線條時,請利用曲線壓布腳來回車縫二至三次。

小小鳥：嗶嗶

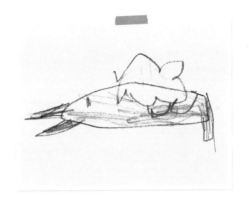

Doll's Story

「畫裡是曾經和智恩一起玩的鸚鵡：嗶嗶。整理搬
家行李時，無意間在智恩的畫本裡發現的一幅畫。
一想到智恩不知道是抱著怎麼樣的心情畫出早已不
在世上的嗶嗶，心裡就覺得很難受。為了重現一直
像是好朋友一樣陪在智恩身邊的嗶嗶身影，於是下
定決心要把這幅畫製作成玩偶。」

需要的線

盡量原封不動地呈現孩子的塗
鴉風味，就算是孩子層層疊覆的
線條，也不要放過，盡可能製作
成形。

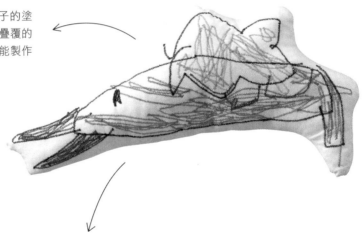

製作嗶嗶時，只用了Z字縫。先製作好塗滿顏色的部分
後，再繪製出整體輪廓即可。

跑吧！露西

Doll's Story

「秀雅的第一隻寵物露西，是一隻可愛的倉鼠。把露西當成弟弟的秀雅，每天晚上都會念童話故事書、唱搖籃曲給他聽。每次看到女兒的這副模樣，都覺得可愛得不得了。秀雅的畫本當然是充滿了露西，於是我選了當中最可愛的一張露西，打算製作成玩偶送給女兒，而她一聽到這個消息則是開心得歡呼大叫。」

需要的線

利用 Z 字縫完成整體輪廓；耳朵、眼睛、嘴巴等部位則是改以曲線壓布腳車縫。

褲子的部分，以 Z 字縫車縫出一定的寬度，就能呈現出胖嘟嘟的感覺。

由於手臂和腳是與身體連接的部位，所以必須要車縫得更寬一些，以免縫線在填充棉花時裂開。繪製裁縫線的時候，像是手臂和腳部這種向內凹陷的部位，記得要預留多一些作業空間。

三胞胎兔子：KI KI KI

Doll's Story
「恩松為了馬上要出生的三胞胎弟弟畫下了厲害的兔子圖畫，每一隻的名字都是『KI』，三隻聚在一起就是『KI、KI、KI』。本來還擔心他會吃醋爸媽對自己的愛要被弟弟們搶走了，看來是白擔心了。雖然恩松只有五歲，可是看著他如此穩重的模樣，實在太討人喜歡了。」

需要的線

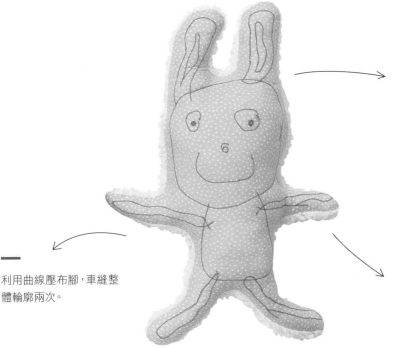

孩子圖畫裡歪七扭八的線條也要如實呈現。

利用曲線壓布腳，車縫整體輪廓兩次。

由於玩偶整體的形態比較細長，製作出來的成品可能會有點乾癟，此時若是能選用絨毛布作為玩偶的背面布料，就能解決這個問題。

Let's make lovely dolls ○ Coloring

只要用「線」就能將圖畫做布偶：上色

這篇章的重點是：只用一種顏色、一種線，就能讓孩子的圖畫搖身一變成為色彩繽紛的玩偶。想要利用前面篇章的方法去呈現孩子的圖畫當然也可以，但是如果可以想著替孩子沒有塗滿的地方上色，再開始進行挑布、拼布、曲線車縫的話，便能讓玩偶的立體感達到滿分的效果。這個方法堪稱是完美結合了孩子的創意和媽媽的想像力。

Coloring 1

上色

我的朋友：保羅

「曾說過長大之後一定要跟爸爸結婚的女兒，某天早上突然宣布以後要跟在幼稚園認識的外國朋友保羅結婚，害得爸爸瞬間跌落谷底。看到兩個言語不太通的小鬼頭玩著扮家家酒的遊戲，真是可愛極了。不過，保羅已經回去英國了……為了安撫淚眼汪汪的傷心女兒，決定把之前女兒筆下那個有著捲捲頭髮和大眼睛的保羅製作成玩偶，送給她。」

需要的布料

01

將孩子的圖畫放大或縮小影印成想要製成的玩偶大小。

02

將影印後的圖畫按照不同部位剪下後，準備好適合各部位的布料。

03

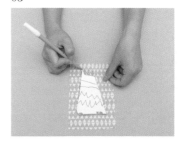

將裁剪後的紙張放置於布料上，以水性筆描繪出框線。

04

衡量一下布料重疊的部分，預留1cm左右的空間，如此一來，裁縫時銜接口才不會裂開。

05

將各部位裁剪好的布料拼湊成孩子的圖畫。

06

利用口紅膠或別針，將裁剪完成的布料固定於底布上，再以水性筆標記出想要進行縫線的部分。

07

以Z字縫的方式將各布料縫於底布。

08

想要呈現縫線效果的部分（即剛才用水性筆描繪的部分），可以利用曲線壓布腳進行車縫。

09

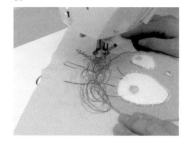

如果想要營造出頭髮般隨興自在的感覺，記得放緩踩踏板的速度，緩緩轉動布料，來回進行縫紉動作即可。

10

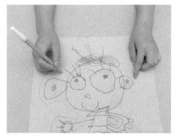

完成縫紉作業後，翻向底布的背面，在縫線之外描繪出預留的1cm空間。像是雙腳這種向內凹陷的部分，記得描繪出更為寬裕的預留空間。

11

在身體的左邊畫下標籤的位置，右邊畫下長10cm左右的翻口。

12

在底布的正面稍微畫一下先前標記好的標籤位置後，於縫線外預留2mm左右的空間，回縫標籤。

13

挑選好玩偶背面的布料後，將底布和玩偶正面重疊擺放，再以別針固定。

14

除了翻口以外，其他的部分皆以縫線進行縫合。

15

在縫線外預留1.5～2cm左右的縫份，然後將其剪下。

16

由內往外翻時,為了防止布料裂開,利用剪刀於接縫的彎曲處稍微剪一下;像是手臂和臉部凹陷的部分,可以剪得稍微多一些。

17

將鉗子放入翻口處,把布料由內往外翻面。

18

將棉花從翻口處塞入,填充玩偶。

19

以暗縫的方式縫合翻口。

20

保羅玩偶完成。

美俊的狼

Doll's Story

「狼，是美俊最喜歡的動物。在美俊的圖畫裡，只要出現打鬥場面，百分之百會出現化身為英雄的自己和忠心耿耿地跟在他身邊的狼。事實上，我一直都不敢相信這幅畫是出自美俊之手，實在太討人喜歡了，忍不住拍了下來，也決定要把這幅畫製作成玩偶。」

需要的布料

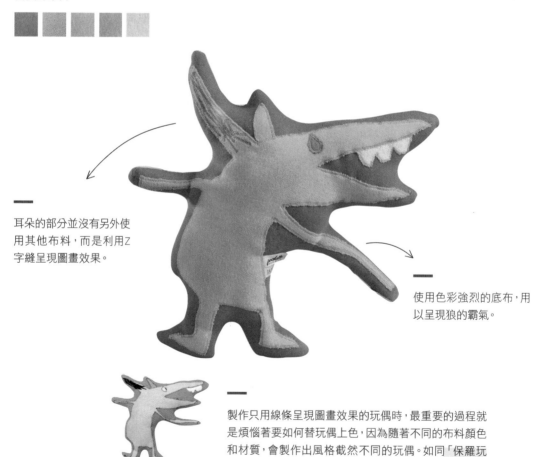

耳朵的部分並沒有另外使用其他布料，而是利用Z字縫呈現圖畫效果。

使用色彩強烈的底布，用以呈現狼的霸氣。

製作只用線條呈現圖畫效果的玩偶時，最重要的過程就是煩惱著要如何替玩偶上色，因為隨著不同的布料顏色和材質，會製作出風格截然不同的玩偶。如同「保羅玩偶」的步驟2，要慎選適合圖畫風格的布料。

想念的朋友：吉娜

Doll's Story

「不久之前已經回到天國的熱帶魚：吉娜。吉娜離開以後，
嚎啕大哭的女兒在那天晚上寫了一封信給吉娜『以後一定
要再見，我愛你』然後在信的角落畫下了吉娜的模樣。為了
出生之後，第一次嚐到生離死別傷痛的女兒，製作了一個和
吉娜一模一樣的玩偶，讓她可以抱在懷裡。」

需要的布料

愈是像魚這種構造簡單
的圖畫，布料的選擇就愈
顯得重要。利用點點布料
作為吉娜的身體；另外，
為了增添厚實的感覺，特
地挑選了條紋布料。最
後，以同樣顏色的線車縫
輪廓，以達到統一的效
果。

雖然尾巴和身體用了同
樣顏色的布料，但是不同
的花樣便足以區分兩個
部位的差異。

妖術師：琳達

Doll's Story

「看到女兒在畫畫，便問了她畫中主角是誰，她答道『琳達』。六歲的琳達，喜歡偷偷穿著媽媽細細尖尖的高跟鞋，戴上珍珠項鍊，在鏡子前面照來照去的。因為琳達會施法術，所以她不僅可以變出好吃的巧克力，還可以變出南瓜馬車。簡單的一幅畫，卻承載著女兒天馬行空的無邊想像力……為了想聽到女兒說更多的故事，所以決定直接把這幅畫製作成玩偶送給她。」

需要的布料

眼睛、鼻子、嘴巴、頭髮、項鍊，都是利用曲線壓布腳俐落地完成車縫。像是項鍊這種圓形的部分，只要用手抓住布料，繞圓車縫即可。

考量好布料重疊的部分後，在事先預留1cm縫份的腳布料上，再縫上高跟鞋碎布，如此一來，縫合處才不會裂開。

衣服上的紋路，同樣也是利用曲線壓布腳所車縫而成的，不同的是，特別加上了蕾絲布料，增添琳達獨有的風味

有峰的駱駝

Doll's Story

「書賢出生後,第一次逛完動物園回來,對動物的好奇心一下子增加了許多,尤其覺得『駱駝』很神奇,『為什麼會有峰?』『因為他是老爺爺嗎?』『峰裡面裝了些什麼?』等,不但源源不絕地提出問題,某天甚至還說想要養駱駝。可是當告訴了他駱駝並不是像小狗一樣可以隨便養的動物後,書賢顯得十分失望,於是便想要把書賢畫筆下這隻神情開心的駱駝,製作成玩偶,送給他當禮物。幸好,書賢非常喜歡這份禮物呢。」

需要的布料

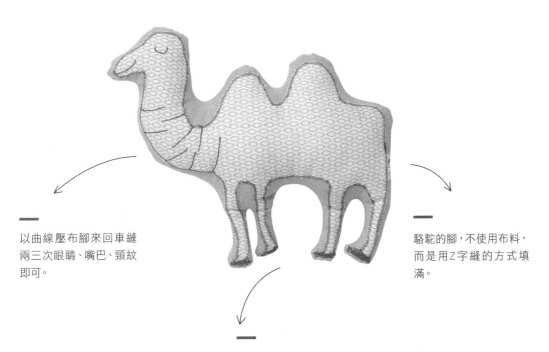

以曲線壓布腳來回車縫兩三次眼睛、嘴巴、頸紋即可。

駱駝的腳,不使用布料,而是用Z字縫的方式填滿。

選用橢圓花樣的布料,增添駱駝的可愛感。

77

翱翔天際的馬：哈比

Doll's Story

「自從告訴了七歲的Haru説『把妳在夢中見到的動物或朋友畫下來,我就幫妳做成玩偶』後,她便興奮地開始提筆畫畫,而作品正是這隻翱翔天際的馬:哈比。哈比不僅跑得超快、跳得超高,甚至還能在漆黑的夜裡散發出光芒。誕生自Haru想像世界的哈比。不知道今晚Haru會不會在夢裡和哈比一起翱翔雲端呢?」

需要的布料

身上的小旋風和翅膀紋路,只要利用曲線壓布腳來回車縫兩三次即可。

隨著布料和線的顏色不同,玩偶也會呈現出截然不同的感覺。

瘦長的腳與身體連接的部分,務必要縫得寬一些,這樣塞棉花的時候,縫線才不會裂開。繪製裁縫線的時候,向內凹陷的部位,記得要預留多一些作業空間。

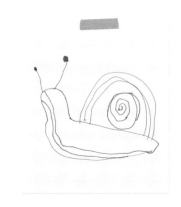

小不點蝸牛：露露

Doll's Story

「非常膽小的五歲恩兒，即便是對著小得不得了的蟲子也感到相當害怕。可是，卻覺得在露營場見到的蝸牛很可愛。把蝸牛放在小小的手掌上觀察了好一陣子後，索性替牠取了『露露』的名字。即使在回家後，還是整天入神地畫著蝸牛，所以我決定把畫得最好的一隻蝸牛製作成玩偶，送給恩兒，希望她看到會開心。」

需要的布料

像是蝸牛殼一樣，要將淺色布料加在深色布料上時，請把兩塊淺色布料重疊作業，這樣才不會讓深色搶走淺色布料的顏色。

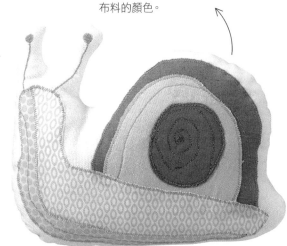

以曲線壓布腳填滿蝸牛的眼睛顏色。

挑選兩種不同樣式的布料，讓蝸牛呈現出獨一無二的風味。

Let's make lovely dolls ✂ Various materials

利用各式各樣的材料製做立體布偶

這次要利用各種材料和與眾不同的方式，製作出更加立體的玩偶。例如，各種顏色，加上各種材質的緞帶、毛線、鈴鐺、布料等，能夠用來製作玩偶的材料堪稱無窮無盡啊。

可愛的阿福

「在孩子滿周歲之前,一直有個抱著睡覺的枕頭,名為『咕咕豬』。不過,因為孩子瘋狂地又咬又吮的,已經到了再怎麼洗也沒辦法清掉髒污的程度了,於是便狠下心要把咕咕豬丟掉。可是,一旦讓孩子知道要把咕咕豬丟掉的話,免不了要嚎啕痛哭好一段時間,正當煩惱著要給他什麼樣的新玩偶時,靈光一閃,想到他經常畫著來陪自己玩耍的阿福。如果是孩子最好的朋友阿福,想必可以成功取代咕咕豬的。」

需要的布料

01

將孩子的圖畫放大或縮小影印成想要製成的玩偶大小。

02

將影印後的圖畫按照不同部位剪下後,準備好適合各部位的布料。

03

將裁剪後的紙張放置於布料上,以水性筆描繪出框線。

04

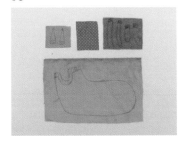

衡量一下布料重疊的部分,預留1cm左右的空間,如此一來,裁縫時銜接口才不會裂開。

05

將各部位裁剪好的布料拼湊成孩子的圖畫。

06

利用口紅膠或別針,將裁剪完成的布料固定於底布上,再以水性筆標記出想要進行縫線的部分。

07

此時，考量一下布料接縫處的順序和方向後，將其固定。

08

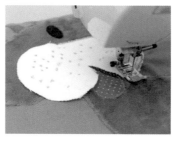

以Z字縫的方式將各布料縫於底布。鼻子上的斑點，則利用曲線壓布腳進行曲線車縫。

09

完成縫紉作業後，翻向底布的背面，在縫線之外描繪出預留的1cm空間。像是雙腳這種向內凹陷的部分，記得描繪出更為寬裕的預留空間。

10

在身體的左邊畫下標籤的位置，右邊畫下長10cm左右的翻口。

11

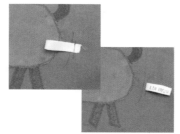

在底布的正面稍微畫一下先前標記好的標籤位置後，於縫線外預留2mm左右的空間，回縫標籤。

12

挑選好玩偶背面的布料後，將底布和玩偶正面重疊擺放，再以別針固定。

13

除了翻口以外，其他的部分皆以縫線進行縫合。

14

在縫線外預留1.5～2cm左右的縫份，然後將其剪下。

15

由內往外翻時，為了防止布料裂開，利用剪刀於接縫的彎曲處稍微剪一下；像是手臂和臉部凹陷的部分，可以剪得稍微多一些。

16

將鉗子放入翻口處，把布料由內往外翻面。

17

將棉花從翻口處塞入，填充玩偶。

18

以暗縫的方式縫合翻口。

19

掛上漂亮的鈴鐺。

20

阿福玩偶完成。

媽媽的歉意

Doll's Story

「因為是雙薪家庭,所以女兒大部分的時間都是和奶奶一起度過,常常心裡都會覺得過意不去……所以決定要把女兒畫的我的模樣製作成玩偶,送給她。即便玩偶沒有辦法取代我,但是或多或少可以稍微填補一些我的空位吧,女兒也覺得玩偶承載著媽媽的愛,非常喜歡。看著她快樂的樣子,既開心,又抱歉……親愛的小如,謝謝妳堅強、健康地長大了,媽媽的心會一直和我們小如在一起的。」

需要的布料

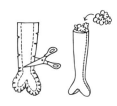

製作手臂　備妥兩塊相同顏色的布料,並且以水性筆在其中一塊布料的背面描繪出手臂模樣的裁縫線。將兩塊布料的正面重疊縫合後,裁剪出一些剪口。只要把布料由內往外翻,然後塞入棉花即可。

頭髮縫紉技巧放大圖

裝上身體部分的手臂、腳、頭髮　備妥兩塊相同顏色的布料,並且以水性筆在其中一塊布料的背面描繪出臉部和身體模樣的裁縫線。如圖所示,於布料的正面都填充好棉花的手臂和腳裝在身體上;測量好背面的裁縫線後,於線外0.5～1cm進行車縫。將兩塊布料的正面重疊縫合後,裁剪出一些剪口。利用翻口將布料由內往外翻,拉好手臂和腳,再塞入棉花,以暗縫的方式縫合翻口。最後,在頭部中間縫好團團毛線即完成。

製作腳部　準備好兩塊布料,用來以Z字縫拼縫小腿和腳掌。以水性筆在其中一塊布料的背面描繪出腳部模樣的裁縫線。將兩塊布料的正面重疊縫合後,裁剪出一些剪口。只要把布料由內往外翻,塞入棉花後即完成。

放置緞帶的地方
放置腳的地方
封口

製作衣服　量好玩偶的大小後,裁剪出兩塊布料。將兩塊布料的正面重疊縫合,沿著輪廓縫合除了要擺放兩側手臂和緞帶的部分。如圖,上、下部分請先捲起後再進行車縫。最後只要把緞帶放進上面的部分後,穿在玩偶身上即大功告成。

※ 輕鬆放進緞帶的方法:以別針固定緞帶末端,然後將另一端拉進洞內,再從另一個洞口拉出即可。

飛吧，麵包超人

Doll's Story

「麵包超人是泰京喜歡的漫畫英雄。雖然曾經想過直接購買市面上販賣的麵包超人玩偶給他就好，不過，就算是個縫紉新手，能夠親自把泰京畫的圖畫製作成玩偶送給他，似乎更有意義。看著放學回來的泰京把麵包超人緊緊擁入懷裡，開心得跳來跳去，想必他很喜歡這個玩偶吧。」

需要的布料

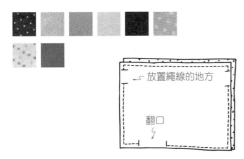

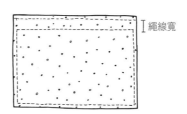

製作披風　量好玩偶的大小後，裁剪出兩塊布料。將兩塊布料的正面重疊縫合，沿著輪廓縫合除了要擺放披風繩和翻口的部分。如圖所示，利用翻口將布料由內往外翻後，測量好寬度，縫合四邊。此時，如果將擺放繩子的地方，上下縫合，看起來會更漂亮。

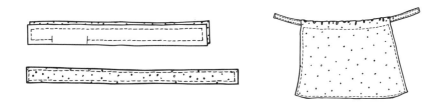

製作披風繩　量好披風的大小後，裁剪出兩塊布料。沿著輪廓縫合除了翻口以外的部分。利用翻口將布料由內往外翻後，再車縫一次即大功告成。

優雅的芭蕾舞伶：紅鶴

Doll's Story

「為了我這個瘋狂愛上紅鶴，一天到晚都要買一大
堆紅鶴相關物品的不懂事媽媽，女兒珠恩特地畫了一
幅紅鶴圖畫送給我。細膩的筆觸，比身為設計師的媽
媽，更有繪畫的天分。而且珠恩畫給我的紅鶴，比我
所擁有的任何一樣紅鶴收藏品都還要美，為了牢牢
記住珠恩念著媽媽的心意，因此決定把珠恩筆下的
紅鶴製作成玩偶。」

需要的布料

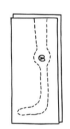 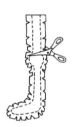 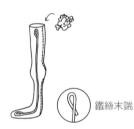

鐵絲末端

製作鐵絲腳　利用與「媽媽的歉意」製作手臂時一樣的方式製作紅鶴腳，只要在布料中先放進鐵絲，再填充棉花
即可。如圖所示，末端的部分記得多捲一次，這樣不僅較易放進布料，玩的時候也能降低受傷的危險性。

裁縫線

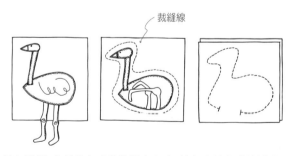

替紅鶴裝上腳　將紅鶴身體以Z字縫的方式拼縫於底布時，請把先前完成的鐵線紅鶴腳一併車縫於紅鶴的身體
下方。記得也要先把紅鶴的腳稍微揉一揉後，再塞進縫線內。挑選好玩偶背面的布料後，將兩塊布料的正面重疊
擺放，沿著輪廓縫合除了翻口以外的部分。利用翻口將布料由內往外翻，再塞入棉花。最後以暗縫的方式縫合翻
口即大功告成。

動物博士允俊的鱷魚

Doll's Story

「這幅畫出自喜歡和爸爸一起看紀錄片的小鬼頭兒子。不知道是不是因為兒子擁有一整套動物全集，所以才能畫出如此栩栩如生的鱷魚。尖銳的牙齒和細細尖尖的背刺，實在太可愛了。自從我告訴允俊鱷魚有一雙大眼睛後，他居然特地為了視力很差的鱷魚畫上了單邊眼鏡。我打算以後也要繼續把動物博士允俊所畫的動物圖畫製作成玩偶，替兒子完成專屬於他的動物圖鑑。」

需要的布料

製作鱷魚眼睛 準備好兩塊黑色的布料，一塊以Z字縫與裁剪好的鱷魚眼珠碎布進行拼縫。將兩塊布料的正面重疊縫合後，裁剪出一些剪口。利用翻口將布料由內往外翻，再塞入棉花。最後以暗縫的方式縫合翻口即大功告成。

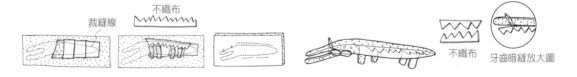

製作鱷魚身體 備妥兩塊相同顏色的布料，並且以水性筆在其中一塊布料的背面描繪出鱷魚身體模樣的裁縫線，再以Z字縫的方式將鱷魚身體的碎布車縫於布料正面。此時，記得身體碎布的背面要剪得比裁縫線更寬大一些，這樣收尾的時候成品才會比較俐落。拼縫布料的正面就依照圖畫中突起的背刺形狀裁剪不織布即可，利用與「媽媽的歉意」製作手臂時一樣的方式，把事先做好的腳放進身體裡，再在裁縫線外進行車縫。接著將兩塊布料的正面重疊縫合，裁剪出一些剪口。最後只要把布料由內往外翻，塞入棉花，再以暗縫的方式縫合翻口即大功告成。將裁剪好的牙齒模樣不織布和之前做好的眼睛，置於各自的位置上，以暗縫的方式縫合即可。

灰塵啊，消失吧！嘿！

「這是敏智畫的灰塵怪物。她説，怪物身上掛的幾十條毛毛，可以吸走灰塵。看來為了有鼻炎的敏智，每天都要打掃好幾次的我，讓她相當掛心，於是我便決定要把孩子這份乖巧、獨特的心意，實際製作成灰塵怪物玩偶。果不其然，敏智開心得不得了。」

需要的布料

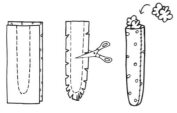

製作手臂／腳　備妥兩塊相同顏色的布料，並且以水性筆在其中一塊布料的背面描繪出手臂／腳部模樣的裁縫線。將兩塊布料的正面重疊縫合後，裁剪出一些剪口。將布料由內往外翻，再塞入棉花即完成。

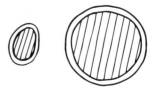

製作圓鼓鼓的臉和鼻子　剪下比臉和鼻子布料小5mm的壓縮棉。以Z字縫的方式將臉／鼻子拼縫於底布時，請先於臉／鼻布料下鋪好壓縮棉再進行車縫。

臉部布料大小

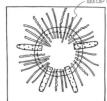

裁縫線

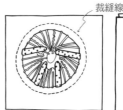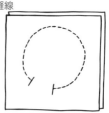

繫上緞帶　以水性筆在底布的正面描繪出臉部布料的形狀。如圖，將繫好緞帶，塞好棉花的手臂和腳擺放妥當，暫時將其固定於比臉部布料尺寸還要小的內側，再以Z字縫車縫臉部布料；利用別針將緞帶、手臂、腳固定於裁縫線內。將兩塊布料重疊縫合後，裁剪出一些剪口。利用翻口將布料由內往外翻，再塞入棉花。最後以暗縫的方式縫合翻口即完成。

藍眼睛的暹羅貓：米亞

Doll's Story

「美準向來不太會畫畫，不過五歲之後的他，開始能用線條繪製出物體形態了。看著美準作畫，滿懷感激的我於是拜託他畫一畫躺在他面前的暹羅貓米亞。本來還擔心這個請求對他來說不知道會不會太困難了，但沒想到卻咻咻咻地只用了幾條線就畫好貓咪的臉，甚至還完美呈現了米亞最有魅力的藍眼睛。為了紀念從美準那裡收到了第一份圖畫禮物，我決定要把這幅畫製作成玩偶。」

需要的布料

毛呢布上的線條　由於車縫在毛呢布上的縫線會被埋進毛呢裡，會沒有辦法百分之百地呈現線條的效果。這種時候，就要改用細長的布料作為圖畫線條。

製作貓咪臉　貓的鬍鬚與「媽媽的歉意」製作手臂時採用一樣的方法。準備好白色底布和裁剪成貓咪臉部形狀的黑色布料，以及比黑色布料四邊都少1cm的毛呢布料。先將黑色布料以Z字縫車縫於底布，再次以Z字縫的方式縫上毛呢布，用以呈現臉部線條（此時將貓耳朵和填充好棉花的鬍鬚一併車縫於黑色布料下方）。貓咪的眼睛、鼻子、嘴巴通通都利用拼布方式呈現，至於圖畫中只用線條表現的眼睛和嘴巴，則是改用寬1cm的黑色布料，以Z字縫的方式車縫呈現。

裁縫線

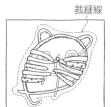 

完成貓咪玩偶　以別針將鬍鬚固定於裁縫線內，將兩塊布料重疊縫合後，裁剪出一些剪口。利用翻口將布料由內往外翻，塞入棉花，最後以暗縫的方式縫合翻口即大功告成。

Let's make lovely dolls 7 Another things

用孩子畫的圖畫做小玩意

替孩子的圖畫增添一些想像力和手藝吧。在空無一物的牆壁上，掛上縫滿圖案的飾條、比名畫更加珍貴的油畫框，還有用來裝玩偶的玩具桶等等，能利用孩子畫的圖畫製作出來的小玩意，數都數不完。發揮鑽研至今的縫紉實力，以及各式各樣的材料，親手製作出能讓孩子喜歡得手舞足蹈的小玩意吧。

PARTY FLAG
飾條

用孩子畫的圖畫做飾條

01

備妥想要製作的飾條尺寸和樣式的圖畫紙。

02

按照圖畫紙的形狀裁剪布料。

03

準備好尺寸大小可以放進布料中心的四邊形白布。

04

利用織料專用筆在白色布料上畫畫。如果讓孩子親手作畫，製作出來的飾條是不是變得可愛許多呢？

05

沿著圖畫輪廓外約0.5cm處進行裁剪。

06

以口紅膠將裁剪好的布料固定於圖畫上。

07

將圖畫車縫於布料後，利用包縫機處理飾條輪廓。

08

選定飾條繩後，將其與布料縫合連接。

09

飾條完成。

CANVAS FRAME

畫框

用孩子畫的圖畫做畫框，擺在家裡的任何地方都適合。

01

準備好想要製作的帆布以及同樣尺寸的白色布料。

02

利用織料專用筆在白布上繪製圖畫。

03

沿著圖畫輪廓外約0.5cm處進行裁剪。

04

準備好比帆布四邊皆寬4cm的底布後,把裁剪好的圖畫縫於底布上。

05

利用釘書機將布料固定於帆布上。

06

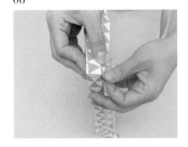

將四邊輪廓捲摺固定。

07

畫框完成。

BROOCH

胸針

讓孩子的包包或衣服變得更加獨一無二的胸針。

01

備妥準備用來製作胸針的碎布。

02

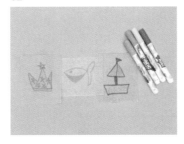

利用織料專用筆在碎布上繪製圖畫。

03

沿著圖畫輪廓外約1.5cm處進行裁剪後,開始挑選其他顏色的背面布料。

04

沿著圖畫輪廓進行車縫;添加金、銀絲線會讓成品更加美麗。

05

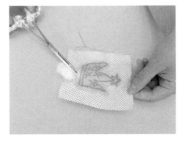

車縫完成後,從翻口處塞入棉花。

06

填充好棉花後,將尚未車縫好的部分完成。

07

準備好用來裝飾胸針的緞帶和扁平胸針。

08

完成將緞帶縫於胸針背面後,以熱熔槍將成品黏於扁平胸針上。

09

胸針完成。

COOKING TOY

扮家家酒玩具

把孩子畫的圖畫做成扮家家酒玩具。

01

準備好數塊白色碎布。

02

利用織料專用筆畫出水果、蔬菜、叉子等各種扮家家酒會用到的道具。

03

沿著圖畫輪廓外約1.5cm處進行裁剪後，開始挑選其他顏色的背面布料。

04

將兩塊布料重疊縫合，沿著輪廓縫合除了翻口以外的部分。

05

於縫針還插在布料裡的狀態下，從翻口處塞入棉花，然後以暗縫的方式縫合翻口。

06

按照圖畫的形狀，裁剪背面的布料。

07

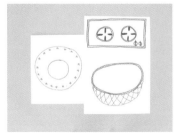

在圖畫紙上用筆畫出盤子和籃子等。

08

扮家家酒玩具完成。

MINI BLANKET

午睡毯子

想像一下，蓋著討喜可愛毯子睡午覺的孩子模樣吧。

01

和孩子一起在圖畫紙上畫出想要放進毯子的圖畫。

02

準備兩塊與毯子尺寸一樣的布料；正面使用單色，背面使用有花樣的布料，會是較好的選擇。

03

利用織料專用筆在各種顏色的碎布上繪製圖畫，然後按照圖畫形狀進行裁剪。

04

設定好要把碎布放置在底布的哪些位置後，以口紅膠固定。

05

拼縫好碎布後，再利用曲線車縫的方式呈現線條。

06

以斜裁包邊的方式整理布料輪廓。此時，角的部分如果可以做成曲線，毯子的整體形態會顯得更加好看。

07

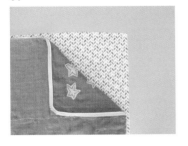

將背面布料和底布的正面重疊，利用拉鍊壓布腳縫合除了翻口以外的部分後，再進行一次斜裁包邊。

08

利用翻口由內向外翻出毯子的正面後，以暗縫的方式縫合翻口。

09

毯子完成。

TOY BASKET

玩具桶

用玩具桶把亂七八糟的兒童房收拾乾淨吧。

01

準備好玩具桶主體和底部要用的裡布和表布。裡布以具防水功能的布料為佳，表布挑選厚實些的布料。

02

在白色的布料上繪製想要的圖畫。

03

裁剪好圖畫後，利用口紅膠或別針固定在表布上。

04

以Z字縫或直線縫的方式車縫。

05

將表布對摺，使布料兩端可以相互碰觸後，以直線車縫的方式縫合。

06

縫合玩具桶主體的表布和底部的表布。

07

裡布的部分也是利用與上述同樣的方式處理。

08

以看得見車縫好的圖畫為前提，將表布由內往外翻，把裡布放進表布內。

09

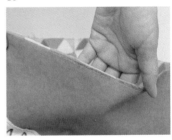

預留好5mm的縫份空間，縫合表布和裡布的開口處。縫份寬度如果留得太寬，斜裁時可是會看見縫線痕跡的喔。

10

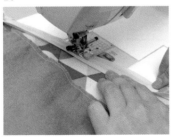

最後再以斜裁的方式俐落處理好桶口部分。

11

玩具桶完成。

做出漂亮玩偶的
Tip、Tip、Tip！

I. 圖畫

雖然孩子畫的圖畫大部分都能製作成玩偶，不過事實上還是能將圖畫區分為「適合製作成玩偶」和「不適合製作成玩偶」兩大類。舉例來說，有一些畫，即便投入大量的時間和工夫，卻仍然無法製成理想中的玩偶，抑或是製成玩偶的過程實在過度困難等等。

① 適合的圖畫工具
以色鉛筆、蠟筆、鉛筆等繪製而成的圖畫，由於形態清晰，相當適合用來製作成玩偶；反之，具有暈染效果的水彩顏料，或是混雜太多不同色彩的圖畫，會使得以玩偶呈現圖畫的過程變得困難許多。

② 想像畫比寫實畫更佳
比起風景畫或工筆畫，蘊含孩子無邊無際想法和視角的圖畫，較為適合用來製作玩偶。盡量讓孩子發揮自己的想像力，偶爾提點一下圖畫主題就好，接下來就請靜待孩子完成圖畫吧。

③ 將複雜的圖畫製作成玩偶時
將複雜的圖畫製作成玩偶時，需要學會取捨，如果堅持要留住圖畫的所有細節，可是會費時又費力的。不過，最大的問題其實是在於拼布和車縫作業存在著許多限制。製作玩偶時，不要把心思耗費在思考如何呈現出所有圖畫裡的細節，而是要學會掌握圖畫的整體形態和大略重點才是明智之舉。

④ 水彩畫
如前文所提，水彩畫並不適合用來製作成玩偶。遇到這種情況時，倒不如直接挑選四、五塊漸層棉布，依色調分門別類後，再將同色系的布料拼縫在一起。記住，務必好好按照漸層色彩的層次裁剪布料，拼縫起來才顯得自然。

1-2
一幅承載著孩子想像力的圖畫，便足以稱之為傑作了。

1-3
確實掌握圖畫重點，再將圖畫製作成玩偶。

2-1
挑選適合各部位的布料或線，原汁原味呈現圖畫。

2-2
使用協調的配色，才能製作出漂亮的玩偶。

⑤ 只有黑線的圖畫
只由線條構成的圖畫，已經足以製作出厲害的玩偶了。除了使用與圖畫風格相符的布料拼縫，甚至靠縫線就能在色彩繽紛的布料上完美呈現。

2. 布料

用孩子的圖畫製作玩偶時，最重要的步驟就是 —— 選擇布料。無論縫紉手藝有多好，一旦選錯布料，玩偶成品不好看的機率可是很高的呢。

① 選搭碎布（選搭樣布）
利用小塊的碎布在孩子的圖畫旁邊搭配看看，判斷一下究竟適不適合用這塊布料製作玩偶。決定好圖畫的重點是什麼之後，先挑選出重點部位的布料，接著再挑選其他部位的布料也是選布的方法之一。

② 調整布料色彩的強弱
如果因為圖畫整體都使用了強烈的色彩，所以也同樣全盤挑選了濃烈顏色的布料，製作出來的玩偶可是會變得相當可怕的。如前面所提過的，強調重點部位，然後再思考一下其他布料應該要如何搭配才能確實呈現玩偶的風格。

③ 適當使用花布
製作玩偶的時候,假如只選用單色布料,很容易會讓玩偶流於平淡無奇,可是過分使用花布的話,卻又會讓玩偶變得雜亂無章。因此,適當取兩者之中庸,會是最好的選擇。挑選花布時,請避免混合多種顏色和以黑色作為花樣框線的布料。如果覺得挑選花布很困難,可以適度使用條紋、格子、點點等基本款花布。

④ 不同的布料材質,不同的感覺
只要改變布料的材質和厚度,就能製作出風格截然不同的玩偶。動物、人、想像中的怪物等等,隨著不同的圖畫主題,挑選適合的布料進行搭配。舉例來說,如果是貓咪玩偶,使用毛呢布會比棉布更具立體感,也更為討喜。

3. 線

線也和布料一樣,隨著搭配方式的不同,呈現的玩偶成品也會有所不同。

① 人偶
基本上,如果是人偶的話,臉部、手、腳,都應該要使用一致的布料和線才會好看。淺粉紅色的臉蛋,就請用淺粉紅色的線車縫;尤其是手,因為布料面積較小,一旦選用了與布料顏色不同的線進行Z字縫,很容易就會變得亂七八糟的。

② 盡量避免使用的縫線顏色
如果因為孩子通通都用黑色作畫,所以製作玩偶時也通通都用黑線拼縫的話,看起來會顯得相當紊亂。這種時候,反而可以選用灰色系的線;製作人偶時,萬一孩子用了紅色線條塗鴉,於是也跟著用紅色線進行Z字縫的話,可是會製作出相當恐怖的人偶喔。

③ 布料的色彩調配
Z字縫除了扮演拼縫碎布的角色外,其實本身就擁有裝飾的功能,所以縫線的顏色也要仔細挑選才行。挑選同樣顏色的布料和線,很安全的同時卻也有些無趣,可是如果改選擇了布料的對比色,很獨特的同時卻也有些詭異,所以在作業之前,可以先拿出幾股線段放在布料上,比比看究竟適不適合後,再進行Z字車縫。

4. 細節

① 眼、鼻、嘴的適當位置
眼、鼻、嘴所擺放的位置，左右了玩偶臉部給人的印象，所以如果只用目測就決定五官擺放的位置，可是會和孩子原始圖畫的風格產生相當大的落差。影印好孩子的圖畫後，依序裁剪各部位時，圓滾滾的眼睛就請依樣剪下，即便是用線條表現的嘴巴，也請按照線條裁剪。接著再一一放在布料上，利用水性筆正確地標示出眼、鼻、嘴的位置。

② 標籤
剛開始車縫標籤的時候，總是會搞混標籤的方向和位置。不用想得太複雜，就像平常進行拼縫作業時，將兩塊布料的正面重疊縫合一樣，標籤的位置也是在底布的正面，只要與印有姓名縮寫的那一面重疊縫合即可。如果還是覺得很混淆的話，只要記得要把碎布拼縫於底布時，一併把標籤塞進碎布下方，進行縫合就可以了。

③ 頭髮的呈現方式
只要反覆放慢、加快縫紉機的速度，或是抓緊布料緩緩轉動，就能車縫出自然的頭髮形態了。注意，萬一車縫時太過用力拉扯布料或大力轉動的話，布料可是會嚴重鬆裂的。

3-1
人的臉部和手等皮膚色的部位，
務必讓布料和縫線的顏色一致。

4-1
影印好孩子的圖畫，裁剪各個部位時，請準確地裁剪眼、鼻、嘴的形狀。

④ 塗色

難於呈現面積較小的布料效果時，可以改用曲線車縫的方式填滿色彩，將會散發出與拼布時全然不同的感覺。不過，假如用曲線車縫填補大面積，或是來回車縫得太過厚實時，布料會變得容易裂開，所以這個方法還是盡量用於小面積、微微上色時就好。

⑤ 疊合碎布的方向和順序

以Z字縫拼縫碎布時，請車縫於兩塊布料重疊5mm處，如此布料才不會容易鬆脫，縫線也才不會裂開。另外，布料重疊作業時，請向著統一的方向車縫。如果是人偶，衣服的布料要置於脖子的布料之上，鞋子的布料要置於腳的布料之上，玩偶看起來才會顯得自然、正常。

5. 縫紉與收尾

① 裁縫線

這裡指的並不是畫出與原始圖畫輪廓邊線有著相同距離的裁縫線，而是要預先考量好玩偶的整體形態，再進行裁縫線的繪製。想要把手、腳等部位製作得較薄瘦時，裁縫線就要畫得窄一些；想要製作得較厚實時，裁縫線就要畫得寬一些。如果像是兩腳之間向內凹陷的細長部分，務必要謹慎繪製裁縫線，這樣玩偶的成品才會好看。特別是手、腳等部位的裁縫線，愈靠近連接身體的部分畫得愈寬，愈遠離身體則是畫得愈窄，如此一來，填充棉花時才不會出現結塊或裂開的情形。

② Z字縫的位置

以Z字縫拼縫碎布時，記得將縫線車縫於布料內側，如此一來，作品完成後才不會有裂開的危險。

③ 剪口

曲線部分需要足夠的剪口，之後要將布料由內往外翻時，才能完整呈現曲線的形狀。手臂、雙腳間等向內凹陷的地方，務必要在中間、左、右各剪一個呈Y字形的剪口，這樣一來，由內往外翻時，上述部位的布料才不會裂開，也會顯得比較俐落。剪剪口時，紗剪是最適合的工具。

④ 縫線裂開時

使用曲線壓布腳進行曲線車縫時，不是隨著縫紉機下方的齒輪轉動速度移動布料，而是要讓縫紉機的速度配合自己雙手控制布料的感覺。原因在於，曲線車縫得太多的布料，幾乎都難逃裂開的

5-1
彎曲凹陷的地方，一定要好好繪製裁縫線，製作出來的玩偶才會好看。

5-2
以Z字縫進行拼縫時，務必將縫線車縫於布料內側。

命運，所以慢慢車縫才是最好的方法。不過，萬一布料已經裂開的話，請於噴灑完充足的水分後，拉平布料，用熨斗稍微燙一燙。

⑤ 塞棉花
塞棉花的順序，請先從手臂這種細窄部位開始填充起，接著才是身體等較寬大的地方。填充細窄部位的棉花時，務必要將撕碎的棉花一點一點塞進布料的最末端為止，如果一次就硬要把整團棉花塞進玩偶身體的話，會讓棉花易於結塊，或是變得硬梆梆的。所以填充棉花時，請分量填充，讓玩偶摸起來呈現軟綿綿的觸感。

⑥ 洗滌
以棉布製作而成的玩偶，只要縫得夠堅固，就算直接丟進洗衣機，其實也不會有什麼太大的問題。不過，這麼做較容易加速玩偶變形，所以還是比較建議採用手洗的方式。將中性洗劑倒入溫水中，用手輕輕搓揉，最後再晾乾即可。

用孩子的畫做成世界唯一的布偶

針線新手完全OK，大手小手一起實作，收藏人生最難忘回憶

原 著 書 名／내 아이 그림으로 인형 만들기 : 아이의 꿈과 상상을 현실로!
作　　　者／金淏善（김효선）
翻　　　譯／王品涵
美 術 設 計／我我設計
責 任 編 輯／蔡錦豐
國 際 版 權／吳玲緯
行　　　銷／艾青荷、蘇莞婷
業　　　務／李再星、陳玫潾、陳美燕、杻幸君
副 總 經 理／陳瀅如
總 經 理／陳逸瑛
編 輯 總 監／劉麗真
發 行 人／涂玉雲
出　　　版／麥田出版
　　　　　　台北市中山區104民生東路二段141號5樓
　　　　　　電話：(02) 2500-7696　傳真：(02) 2500-1966
　　　　　　blog：ryefield.pixnet.net/blog
發　　　行／英屬蓋曼群島商家庭傳媒股份有限公司城邦分公司
　　　　　　台北市民生東路二段141號11樓
　　　　　　書虫客服服務專線：02-25007718．02-25007719
　　　　　　24小時傳真服務：02-25001990．02-25001991
　　　　　　服務時間：週一至週五09:30-12:00．13:30-17:00
　　　　　　郵撥帳號：19863813　　戶名：書虫股份有限公司
　　　　　　讀者服務信箱E-mail：service@readingclub.com.tw
　　　　　　歡迎光臨城邦讀書花園　網址：www.cite.com.tw
香港發行所／城邦（香港）出版集團有限公司
　　　　　　香港灣仔駱克道193號東超商業中心1樓
　　　　　　電話：(852) 25086231　傳真：(852) 25789337
　　　　　　E-mail：hkcite@biznetvigator.com
馬新發行所／城邦（馬新）出版集團【Cite(M) Sdn. Bhd. (458372U)】
　　　　　　地址：41, Jalan Radin Anum, Bandar Baru Sri Petaling,
　　　　　　57000 Kuala Lumpur, Malaysia.
　　　　　　電話：+603-9057-8822
　　　　　　傳真：+603-9057-6622
　　　　　　電郵：cite@cite.com.my
印　　　刷／中原造像股份有限公司
總 經 銷／聯合發行股份有限公司　電話：(02)2917-8022　傳真：(02)2915-6275
初 版 一 刷／2016年3月
　　　　　　著作權所有‧翻印必究
定　　　價／新台幣300元

用孩子的畫做成世界唯一的布偶 / 金淏善著；王
品涵翻譯. -- 初版. -- 臺北市：麥田出版：家庭傳
媒城邦分公司發行, 2016.03
　　　　　　面；　公分
　　　ISBN 978-986-344-320-9(平裝)

1.玩具 2.手工藝

426.78　　　　　　　　　　　　105000775